BEI GRIN MACHT SICH IHR WISSEN BEZAHLT

- Wir veröffentlichen Ihre Hausarbeit, Bachelor- und Masterarbeit

- Ihr eigenes eBook und Buch - weltweit in allen wichtigen Shops

- Verdienen Sie an jedem Verkauf

Jetzt bei www.GRIN.com hochladen und kostenlos publizieren

Matthias Kaiser

Traditionelle Wirtschafts- und Lebensformen auf der Arabischen Halbinsel

GRIN Verlag

Bibliografische Information der Deutschen Nationalbibliothek:

Die Deutsche Bibliothek verzeichnet diese Publikation in der Deutschen National-
bibliografie; detaillierte bibliografische Daten sind im Internet über http://dnb.d-
nb.de/ abrufbar.

Impressum:

Copyright © 2009 GRIN Verlag GmbH
Druck und Bindung: Books on Demand GmbH, Norderstedt Germany
ISBN: 978-3-640-35067-4

Dieses Buch bei GRIN:

http://www.grin.com/de/e-book/127409/traditionelle-wirtschafts-und-lebensformen-
auf-der-arabischen-halbinsel

GRIN - Your knowledge has value

Der GRIN Verlag publiziert seit 1998 wissenschaftliche Arbeiten von Studenten, Hochschullehrern und anderen Akademikern als eBook und gedrucktes Buch. Die Verlagswebsite www.grin.com ist die ideale Plattform zur Veröffentlichung von Hausarbeiten, Abschlussarbeiten, wissenschaftlichen Aufsätzen, Dissertationen und Fachbüchern.

Besuchen Sie uns im Internet:

http://www.grin.com/

http://www.facebook.com/grincom

http://www.twitter.com/grin_com

2009

Justus-Liebig-Universität Gießen

Veranstaltung: Vorbereitungseminar Große Exkursion zum Thema Waterfront Development

Referent: Matthias Kaiser

Dokumentart: Schriftliche Ausarbeitung

[TRADITIONELLE WIRTSCHAFTS- UND LEBENSWEISEN AUF DER ARABISCHEN HALBINSEL]

Inhaltsverzeichnis:

1. Einleitung

Die vorliegende schriftliche Ausarbeitung beschäftigt sich mit der weitgefassten Thematik „Traditionelle Wirtschafts- und Lebensformen auf der Arabischen Halbinsel" und soll vor allem die arabisch-islamisch geprägte Lebenswelt, deren Kultur sowie den sich vollzogenen bzw. sich noch vollziehenden Wandel aufzeigen und erläutern.

Die meisten Staaten der Arabischen Halbinsel kennen wir heute als sehr wohlhabende und mächtige Nationen, die - wie am Beispiel der Vereinigten Arabischen Emirate erkennbar - gewaltige und vor allem kostspielige Projekte planen und umsetzen und damit einen immer größer werdenden Einfluss auf die Weltwirtschaft einnehmen. Dieser angedeutete Reichtum ist geschichtlich gesehen allerdings eine recht junge Entwicklung, wenn man bedenkt, dass erst in den 1960er Jahren die gigantischen Ölvorkommen gefunden und gefördert wurden. In der langen Zeit vor dem großen Ölfund zogen viele Beduinen mit ihren Viehherden durch die vegetationsarme Naturlandschaft, viele Regionen waren unbewohnt und etliche Menschen litten unter Armut und Hunger – diese traditionelle Lebenswelt des ehemaligen arabischen Oasendorfs unterscheidet sich stark von manchen heutigen Wohlfahrtsstaaten. Obwohl die arabische Kultur, welche stark mit der Glaubenswelt des Islam verbunden ist, sehr viel Wert auf ihre Kulturpflege legt, gibt es zwischen Baukran und Minarett immer wieder gewaltige Disparitäten und Auseinandersetzungen, die es zu bewältigen gilt. Um sich allerdings eine differenzierte und fundierte Meinung zu dieser Thematik zu bilden, ist es notwendig, die traditionellen Wirtschafts- und Lebensformen zu kennenzulernen, da diese für die Einheimischen bis heute einen hohen Stellenwert besitzen.

Zuallererst gebe ich dazu einen kleinen historischen Rückblick, der sich an wichtigen zeitlichen Epochen orientiert. Anschließend gehe ich auf das Leben der traditionellen Beduinen sowie auf die Bedeutung von Kamel und Dattelpalme ein, denn diese drei Elemente sind untrennbar zueinander zu betrachten und kennzeichnend für das typische Leben der alten arabischen Lebensweise. Der dritte größere Themenabschnitt erklärt das althergebrachte Gesellschaftsleben sowie die Alltagskultur auf der arabischen Halbinsel und umfasst damit die Unterthemen Religion, Familienleben, traditionelle Kleidung, Etikette und Gastfreundschaft, Einkaufen sowie die Kategorie Essen und Genuss. Nach diesen vielförmigen Ausführungen setzte ich die beiden unterschiedlichen Lebenswelten kurz gegenüber und diskutiere sie und schließe die schriftliche Ausarbeitung, indem ich die zentralsten Ergebnisse zu einem Fazit zusammenfasse.

2. Historischer Rückblick

Das Gebiet der Arabische Halbinsel wurde vermutlich bereits in der Steinzeit von der Menschheit besiedelt und genutzt. Besonders nach Nahrung suchende Beduinen (nomadische Viehzüchter arabischer Herkunft) zogen mit ihren Viehherden durch die Region, die bei weitem nicht so aride und vegetationslos war wie wir die arabische Wüstenlandschaft heute kennen. Nach intensiven Nachforschungen der Klimageographen war das Klima um 5.500 v. Chr. in dieser Region wesentlich feuchter und humider ausgeprägt als heute, sodass es neben den Wüstenregionen auch viele fruchtbarere und nahrhaftere Böden gab wie bspw. weitläufiges Grasland sowie unterschiedliche Typen von Savannenlandschaften[1]. Aber nicht nur die Bodenfruchtbarkeit, sondern auch die Pflanzen- und Tierwelt war viel reichhaltiger ausgeprägt; es gab auf der gesamten Halbinsel zahlreiche Wildtiere wie beispielsweise Gazellen und Oryxantilopen, die heutzutage leider vom Aussterben bedroht sind. Aufgrund der saisonal relativ guten Klimavoraussetzungen betrieben die umherziehenden Beduinen neben der Viehhaltung auch schon eine einfache Form von Gartenanbau. Trotzdem mussten sie ihre Lebensräume zwischen Landesinneren und Küste stetig wechseln, wenn die Natur zu wenig Nahrung und Wasser hergab. Im Winter lebten sie daher eher in küstennahen Gebieten und betrieben das Fangen von Fischen und Krebsen sowie die Perlensuche. Im Sommer betrieben sie dann im Binnenland Viehzucht und bauten erste Pflanzen und Früchte an. In ihrer Lebensweise waren die Nomaden allerdings nicht von ihren Mitmenschen abgekapselt, sondern sie hatten durchaus Kontakte zu ihnen, indem sie mit anderen Völkern und Kulturen Tauschhandel betrieben.

Ab ca. 3.000 v.Chr. setzte jedoch das aride Klima ein, welches bis heute charakteristisch für die arabische Halbinsel ist[2]. Da es zu einer zunehmenden Verwüstung der Naturlandschaft kam, errichteten die Bewohner zwischen 2500 und 2000 v.Chr. in den Gebieten, wo Wasservorkommen in Form von Flüssen, Quellen oder genügend Grundwasser zu finden waren, zahlreiche Oasen-Städte (Hili, Tell Abraq, Bidiya), die sie als große festungsähnliche Lebensräume nutzten. In den Oasenlandschaften gab es meistens ausreichend Feuchtigkeit für eine permanente Vegetation, die allerdings auch nur in Verbindung mit der Dattelpalme genutzt werden konnte. Ohne die Verbreitung der Dattelpalme hätten nämlich andere Früchte bzw. Cerealien nie angebaut werden können, denn die Palmen sind „widerstandsfähig, leicht

---

[1] Vgl. UAE Ministry of Information and Culture 2006, S.37.
[2] In der arabischen und englischen Sprache wird diese Epoche als „Umm al Nar" bezeichnet

zu pflegen"[3], ziemlich genügsam und spenden sehr viel Schatten für andere, empfindlichere Fruchtsorten, die ansonsten von Trockenheit und zu starker Sonneneinstrahlung vertrocknet wären. In dem Zeitraum zwischen 2000-1300 v.Chr. nahm die Anzahl solcher Oasenstädte jedoch nicht mehr zu, obwohl die bestehenden Städte „vollzeitmäßig" bewohnt und genutzt wurden. Das Klima der arabischen Halbinsel wurde im Laufe der Zeit immer arider/trockener, sodass die Bedeutung mariner Güter wie Fisch und Schalentiere immer wichtiger wurde. Der nächste entscheidende Entwicklungsschritt vollzog sich dann erst zwischen 1.300 und 300 v.Chr., als die Domestizierung des Kamels die arabische Wirtschaft zu revolutionieren begann. Die enorme Ausdauer des Kamels eröffnete nämlich den weiteren, längeren und schnelleren Transport von Waren und Gegenständen; so prosperierten Güteraustausch und wirtschaftlicher Handel sowohl in der einheimischen, als auch mit der ausländischen Bevölkerung. Mit der zunehmenden wirtschaftlichen Ausrichtung entstand auch der berühmte Schiffsbau, der die ausländischen Kontakte sowie den marinen Handel stetig anstiegen ließ.

Der nächste bedeutungsvolle Einschnitt ist mit dem Auftreten und Wirken des Propheten Mohammeds (* etwa 571 in Mekka; † 632 in Medina) zu verzeichnen, der den islamischen Glauben und seine dogmatischen und alltäglichen Lehren im gesamten Kulturkreis Arabien ausbreitete. Die gewaltige Expansion des Islams sowie die starke Integration von Religion und Herrschaft sind für die Wirtschafts- und Lebensweisen der arabischen Halbinsel einmalig gewesen, da der Glaube bis in die heutige Zeit einen unvergleichbaren Stellenwert einnimmt. Die Worte und Handlungen des Propheten Mohammed sowie vor allem die überlieferten und niedergeschriebenen Suren des Korans prägen und regeln im Allgemeinen das muslimische Leben und im Speziellen sogar den Alltag und die islamische Rechtsprechung (Scharia)[4]. Diese einheitlichen und verbindlichen Lehren und Regeln des Islam prägen von jeher das Leben der Muslime und fördern auch heute noch das soziale und politische Zusammengehörigkeitsgefühl der islamischen Welt.

Insgesamt betrachtet gab es also viele historische Einflüsse unterschiedlichster Art, welche die traditionellen Wirtschafts- und Lebensweisen der arabischen Halbinsel vor dem großen Einschnitt des Ölbooms im 20 Jahrhundert prägten und veränderten. Diese Traditionen wurden bis heute stets bewahrt und respektiert, daher werde ich im Folgenden anhand ausgewählter Beispiele näher auf diese arabischen Lebensweisen eingehen.

---

[3] Vgl. Müller-Hohenstein 1997, S.105.
[4] Heck & Wöbke 2007, S.23-24.

3. Traditionelle Beduinen

Wie schon im historischen Rückblick angedeutet war die traditionelle Wirtschaftsform der Beduinen charakteristisch für die arabische Geschichte, doch auch heute gibt es durchaus noch einige Beduinen, die in den Trockengebieten Arabiens und des Nahen Ostens umherschweifen. Den Begriff „Beduine" benutzt man eigentlich nur, wenn man von nomadischen Viehzüchtern spricht, die arabischer Herkunft und Sprache sind. Sie betreiben eine „nicht ortsfeste, herdenhafte Viehhaltung [...] und sind gezwungen, auf der Suche nach Weideplätzen ihren Herden zu folgen"[5]. Grundsätzlich kann man zwischen zwei Klassen von Beduinen unterscheiden: Die Beduinen der einen Gruppe leben quasi als „echte" Beduinen, indem sie sich auf die Viehhaltung spezialisieren und keinen festen Wohnsitz haben. Die Beduinen der anderen Gruppe sind im Laufe der Zeit auf den Landwirtschaftszweig umgestiegen und führen am Rande der Wüste ein relativ geregeltes und sesshaftes Leben. Die traditionellen umherziehenden Beduinen führen ein hartes und anstrengendes Leben, da sie direkt von den natürlichen Einflüssen des Klimas abhängig sind. Immer auf der Suche nach genügend Wasserstellen und Weideplätzen leben sie unterwegs in ihren tragbaren Zelten, welche traditionell aus gewebten Tierhaaren hergestellt werden und züchten neben Kamelen meistens noch Schafe und Ziegen. Ihre Viehherden dienen allerdings selten zum Verzehr von Fleisch, da ihre Nahrung hauptsächlich aus Milchprodukten, Reis, Datteln und Gemüse besteht. Fleisch wird häufig nur zu besonderen Anlässen gegessen.

Obwohl es zahlreiche Beduinenstämme im arabischen Kulturkreis gibt, haben sie fast überall „die gleiche Moral, die gleichen Lebensbedingungen und die gleiche Tradition"[6]. Dieses relativ einheitliche Kulturbild resultiert vermutlich aus den Mund zu Mund Überlieferungen durch Geschichten, welche die Beduinen häufig am abendlichen Lagerfeuer an ihre Nachkommen weitergeben. Allein schon an ihrem nomadischen Lebensstil erkennbar sind Beduinen meist sehr stolze und selbstbewusste Menschen mit einem großen Drang nach Freiheit. Besonders das Idealbild des männlichen Beduinen, welches Charaktereigenschaften wie Mut, Tapferkeit, Großmut, Ehrenhaftigkeit und Furchtlosigkeit beinhalten soll, ist in diesem Zusammenhang von großer Bedeutung. Die Beziehung zwischen Mann und Frau wird recht bezeichnend an der Nutzung des Zeltes deutlich: Das große, tragbare Zelt ist durch eine Trennwand in zwei Räume unterteilt. Der eine Raum ist „für die Frauen, die Kinder, für Kochgeräte, Vorratshaltung, und Lagerung. Die andere Hälfte enthält eine Feuerstelle und wird zur Unterhaltung und Gemeinschaft genutzt"[7].

---

[5] Zitiert nach Herzog 2007, S.255.
[6] Vgl. Uni Stuttgart (2002): „Die Beduinen auf der Sinai-Halbinsel".
[7] Vgl. Forum unerreichte Völker, Berlin (2003): „Die Beduinen der arabischen Halbinsel".

Die häusliche Arbeit sowie die Kindererziehung verrichten also zum größten Teil die Frauen, während die Männer sich um ihre Viehherden kümmern, Freundschaften und Kontakte pflegen und Pläne für die ganze Familie machen. Erwähnenswert ist hier die stark ausgeprägte Gastfreundschaft der Beduinen, welche sich zwar nicht erst durch die sukzessive Übernahme des muslimischen Glaubens im 7. Jahrhundert entwickelte, aber besonders dadurch noch weiter ausbildete.

In der heutigen Zeit trifft man nur noch selten auf traditionelle Beduinen, da ihre Existenz mehr denn je durch Wasserknappheit, feste Grenzziehung sowie aufgrund staatlicher Ansiedlungsprogramme bedroht ist. Beduinen, die ihre traditionelle Lebensweise deswegen aufgegeben haben, arbeiten heute teilweise sogar als Touristenführer in sogenannten „Beduinencamps", wo sie Touristen die alten Traditionen und Lebensformen nahe bringen. Einige von diesen alten Traditionen und Lebensweisen der Beduinen leben aber auch noch in der heutigen Gesellschaft und Alltagskultur der Araber fort wie bspw. die Gastfreundschaft.

4. Die Bedeutung von Dattelpalme und Kamel

„Einer arabischen Legende zu Folge hatte Allah nach Erschaffung des Menschen noch zwei kleine Lehmklumpen übrig. Aus dem einen machte er das Kamel, aus dem anderen die Dattelpalme."[8]. Dadurch, dass die Entwicklung von Dattelpalme und Kamel in dieser islamischen Überlieferung direkt an die Schöpfungsgeschichte des Menschen anschließt, wird die enorm hohe Bedeutung beider Objekte deutlich, denn ohne sie hätte die arabische Halbinsel wohl kein geeigneter Lebensraum für die dort lebenden Araber sein können.

Wie im Zitat angedeutet ist die Dattelpalme tatsächlich eine der ältesten Kulturpflanzen der Erde, da der Dattelpalmenanbau bereits für das dritte vorchristliche Jahrtausend im heutigen Irak und Ägypten nachgewiesen worden ist. Die als Spenderin von Schatten, Speis und Trank bekannte Dattelpalme gedeiht ausschließlich an ariden Standorten, wo hohe sommerliche Temperaturen, kaum Niederschläge, jedoch trotzdem ausreichend Wasserversorgung gegeben sind. Hier gilt allgemein die Faustregel, dass die Palmen umso höher wachsen, je heißer das Klima ist. Der Stamm einer solchen Palme kann bis zu dreißig Meter hoch werden und spendet mit seiner ausgebreiteten Blätterkrone genügend Schatten für andere, empfindlichere Früchte- und Getreidesorten, die ohne die Existenz der Palmen nie in Arabien hätten angebaut werden können. Auf der arabischen Halbinsel findet die Dattelpalme optimale Bedingungen, um fruchtbar zu gedeihen, welches für die Bewohner zahlreiche Vorteile mit sich brachte.

---

[8] Zitat nach Müller-Hohenstein 1997, S.104.

Es gibt nämlich unzählige Verwendungsmöglichkeiten der Dattelpalme, welche sich die Menschen zu Nutzen machten: Aus den Blättern bzw. den Palmwedeln wurden Körbe, Matten, Besen und Zäune geformt. Die Stiele fanden zum Bau von Zäunen, Böden, Bedachungen und als Feuermaterial Verwendung. Auch der Stamm wurde als Bauholz, Feuermaterial oder zur Schaffung von Böden, Decken, Fasern, Säcken und Seilen gebraucht. Die nahrhaften Dattelfrüchte dienten nicht nur zum täglichen Verzehr, sondern auch als Sirup und Mehl. Sogar die Dattelkerne konnten als Viehfutter verwendet oder in gerösteter Form als Dattelkaffee weiterverarbeitet werden. Das unten abgebildete Schaubild[9] zeigt noch einmal genauer die Verwendungsmöglichkeiten.

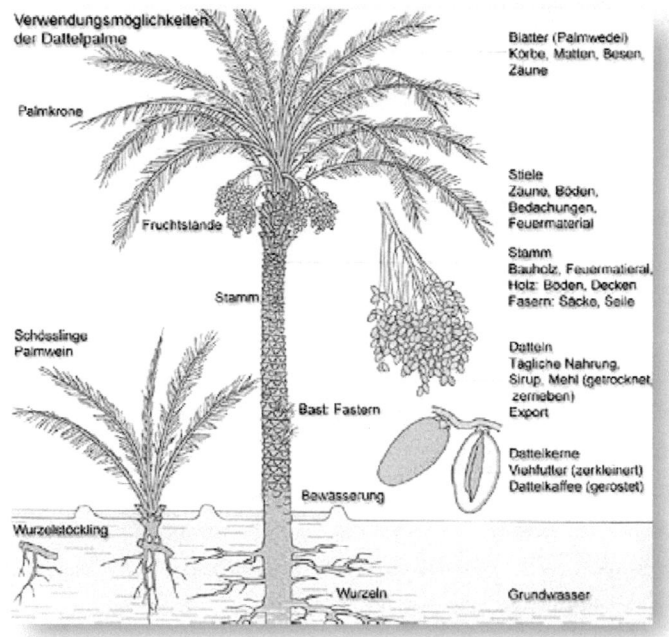

Die Dattelpalme wurde aufgrund ihrer einzigartigen Eigenschaften nicht nur bewundert, sondern sogar als Zeichen von Fruchtbarkeit und Symbol des Sieges verehrt und spielt damit schon seit Jahrtausenden sowohl im kulturellen, als auch im wirtschaftlichen Leben der arabischen Welt eine große Rolle.

---

[9] Quelle: http://www.prolove.ch/oasen/html/dattelpalme.html

Das zweite Objekt der Verehrung entwickelte sich im Zeitraum zwischen 1.500-1.200 v.Chr., als sich das Kamel immer besser an den Lebensraum Wüste anschmiegte bzw. domestizierte. Wenn ich in diesem Zusammenhang den Begriff „Kamel" verwende, dann beziehe ich mich hier auf das arabische Kamel „El gamal", welches zu den einhöckrigen Dromedaren gehört[10]. Das Kamel ist also zum optimalen Wüstentier geworden, da es zum einen in seinem Höcker Fettreserven ansammeln kann und zum anderen der gesamte Körper so wenig Flüssigkeit wie möglich abgibt, sodass es tagelang ohne Nahrungs- und Wasseraufnahme auskommen kann. Neben dieser Eigenschaft ist es auch gegen den heißen Erdboden durch eine dicke Hornhautschiele sowie „seine schwielensohligen, tellerförmig gespreizten Fußballen" geschützt, die wie Niederdruckreifen wirken und somit nicht in den Sand einsinken können[11]. Das zahme Kamel gab den Menschen ein hohes Maß an Transport- und Bewegungsfreiheit, wodurch vor allem die zwischenmenschlichen Kontakte und der Tauschhandel vorangetrieben werden konnte. Das Dromedar kann nämlich an einem Tag problemlos 30-50 km zurücklegen, trägt dabei Lasten von bis zu 250 kg und erreicht sogar Geschwindigkeiten von bis zu 30 km/h. Außerdem versorgt es den (umerziehenden) Menschen mit Milch und Fleisch, liefert Material für Sandalen, Gürtel, Kleidung und Zelte und selbst der Kot, welchem sämtliche Flüssigkeit entzogen wird, kann als Heizmaterial dienen. Aufgrund dieser zahlreichen Nutzungs- und Verwendungsmöglichkeiten ist das Kamel auch in der heutigen Zeit noch ein Symbol für Schönheit, Ausdauer, Geduld und Genügsamkeit und gilt immer noch als Statussymbol, dass in den Golfstaaten zwischen 2000 und 6000 € kostet.

5. Gesellschafts- und Alltagskultur

5.1. Religiöser Einfluss

Die Gesellschafts- und Alltagskultur der arabischen Halbinsel ist natürlich mit der bereits beschriebenen traditionellen Wirtschafts- und Lebensformen der Beduinen verbunden, aber einen noch viel größeren Einfluss hat die Religion des Islams, welche durch den Propheten Mohammed um 630 n.Chr. verkündet wurde. Der aus relativ armen Verhältnissen stammende Mohammed, dessen Eltern schon früh in seiner Kindheit starben, erhielt der Überlieferung nach 22 Jahre lang Offenbarungen von Gott (arab. Allah), welche erst nach seinem Tod als unverfälschtes Wort Gottes und die richtige Glaubensauslegung verschriftlicht worden ist. Nach der Konzeption und Verschriftlichung dieser dogmatischen Lehren wurde der Koran zur wichtigsten Erkenntnisquelle der Muslime, welche das gesamte gesellschaftliche und private

---

[10+11] Heck & Wöbke 2007, S.17.

Leben nach strikten Abläufen strukturierte und regelte. Schnell wurde der Islam – auch durch gewaltbereite Missionsarbeit – die vorherrschende Staatsreligion der arabischen Staaten.

Was den Koran gegenüber anderen heiligen Schriften hauptsächlich auszeichnet, sind „seine praxisorientierten, umfassenden Regeln für den Alltag der Gläubigen […] (‚er enthält) einen verbindlichen Verhaltenskodex, z.b. für die Pflege der Gesundheit, zum Leben vor und in der Ehe, für Erbangelegenheiten und Scheidung, für Esssitten und Erziehung, zum sozialen Verhalten und zur Gestaltung des Tages- und Jahresablaufs"[12]. Der Islam steht also im Mittelpunkt der gesamten Gesellschafts- und Alltagskultur, daher werde ich in meinen folgenden Ausführungen immer wieder auf die Glaubensvorstellungen zu sprechen kommen.

5.2. Familienleben

Innerhalb der Gesellschaftsstrukturen ist die Familie das Zentrum des arabischen Lebens. Eine traditionelle arabische Familie zählt prinzipiell viele Mitglieder, deren Zusammenhalt in der Regel sehr groß ist. In der Großfamilie genießen ältere Familienmitglieder meistens respektvolle Ehrerbietung und Anerkennung; dies resultiert daraus, dass in der arabischen Gesellschaft das Alter eine hohe Bedeutung einnimmt. Es gibt daher klare Gesprächs- und Verhaltensregeln, die sowohl innerhalb der Familie, als auch in der Gesellschaft eingehalten werden. Demnach würde es einem jüngeren Mann nicht einfallen, einem älteren Mann in der Öffentlichkeit (zumindest vehement) zu wiedersprechen. Das familiäre Leben soll ein Schutz- und Zufluchtsort für alle Familienmitglieder sein, deshalb ist es nach außen sehr abgeschirmt. Auch der arabische Familienname unterscheidet sich stark von unserem, „denn es legt die Vater-Sohn-Beziehung und die Zugehörigkeit zu einer Großfamilie zugrunde"[13]. Das Oberhaupt Dubais, Sheikh Mohammed bin Rashid bin Saaed al Maktoum, bedeutet also, dass Scheich Mohammed der Sohn von Rashid ist, der wiederum der Sohn von Saeed war und alle zu dem Familiennamen und dem dynastischen Geschlecht Al Maktoum gehören. An diesem patriarchalischen Familiennamen wird wiederum der Stolz auf die Familienzugehörigkeit erkennbar.

5.3. Arabische Kleidung

Eine weitere Besonderheit ist die traditionelle arabische Bekleidung, die ebenfalls durch die Auslegung des Korans vorgeschrieben ist. Männer tragen meist ein langes, hemdähnliches Gewand (dishdasha) und auf dem Kopf ein Tuch (kafiya), das von einer schwarzen Kordel (agal) gehalten wird. Frauen verhüllen sich mit einem schwarzen, langen Umhang (abaya)

---

[12] Vgl. Heck & Wöbke 2007, S.23-24.
[13] Zitiert nach Heck & Wöbke 2007, S.32.

und einem schwarzen Schleier[14]. Diese Verhüllung in der Öffentlichkeit ist Ausdruck des islamischen Glaubens, der auch äußerlich als einzig wahrer Glauben bekannt werden soll.

Zu der Frage, warum gerade Frauen in der Öffentlichkeit schwarze Gewänder, Kopftücher und Gesichtsmasken tragen müssen, steht in der Sure 24, dass sich Frauen anderen Menschen nicht freizügig zeigen sollen. Zwar steht über das Ausmaß der Bedeckung nichts Genaueres geschrieben, doch die traditionelle Kleidung wird bis heute beibehalten.

5.4. Gastfreundschaft und arabisches Gastmahl

Die schon bei den Beduinen angedeutete große Bedeutung der Gastfreundschaft zeichnet auch heute noch die arabische Kultur aus. Vor allem arabische Geschäftsleute neigen oft dazu, ihre Geschäftspartner durch eine Einladung zum Essen oder Ausflügen besser kennenzulernen. Diese Einladung in die heimischen Räumlichkeiten der Araber ist eine große Ehre, doch vor allem der unwissende Besucher sollte dabei einige Sitten und Riten beachten und einhalten, damit die gemeinsame Unternehmung erfolgreich verläuft, denn Araber legen großen Wert auf Etiketten und Rituale. Männliche Araber begrüßen einander mit Handschlag, gute Freunde nehmen sich mit Umarmung und Küssen auf die Wange in Empfang. Dabei wird ein Gespräch häufig mit der Grußformel „Salam aleykum" (Der Friede sei mit euch) eingeleitet und über Fragen des allgemeinen Wohlbefindens, der Familie oder dem Reiseverlauf weitergeführt. Vermieden werden sollten allerdings Fragen in Bezug auf die Ehefrau, Krankheiten oder ähnliche Themen, die zu persönlich sind, da dies als zu unhöflich gilt[15].

Eines der wichtigsten Gebote, welches vor allem im Koran ausführlich beschrieben wird, ist die Reinlichkeit bzw. Hygiene. Wie vor dem Betreten einer Moschee zieht man sich vor dem Hineingehen des Hauses die Schuhe aus, dies demonstriert nach beduinischer Tradition ehrerbietende Höflichkeit, die man dem Gastgeber damit entgegenbringt. Beim klassischen und meist eindrucksvollen Essen, welches auf dem Boden stattfindet, sollte man die Nahrungsmittel nur mit der rechten Hand berühren und zum Mund führen, da die linke Hand zu reinigenden Waschungen benutzt wird und somit als unrein gilt.

Ein traditionelles arabisches Gastmahl umfasst eine Menge an unterschiedlichen Nahrungsmitteln und Gewürzen, die meistens schon in kleinen Schüsseln abgeschmeckt und zum direkten Verzehr vorbereitet sind. Neben verschiedenen eingelegten Gemüsesorten ergänzen Reis und Fladenbrot prinzipiell jede Mahlzeit. Die am meisten bevorzugten Fleischsorten sind Lamm und Huhn, wobei der Verzehr von Schweinefleisch in der gesamten islamischen Welt aufgrund der ausgelegten Unreinheit natürlich tabu ist. Ebenfalls aufgrund

---

[14] Vgl. Heck & Wöbke 2007, S. 33.
[15] Vgl. Heck & Wöbke 2007, S. 33-34.

religiöser Gründe verboten ist der Genuss von alkoholischen Getränken. In einigen Ländern wie beispielsweise Saudi-Arabien und Kuwait ist sogar die Einfuhr oder das Mitführen von Alkoholika strikt untersagt. Zu den in Arabien favorisierten Getränken zählen eher stilles Wasser, frisch gepresste Säfte sowie verschiedene Sorten von Tee und Kaffee. Besonders der Genuss von Tee wird vor, nach und teilweise sogar zwischen den Mahlzeiten gereicht. Ein weiteres Genussmittel ist das Rauchen einer Wasserpfeife (shisha), welches sowohl zuhause, als auch in Shishacafés unternommen wird. Hier kann man sich in gemütlicher Atmosphäre entspannen und sich mit seinen Mitmenschen in Ruhe unterhalten.

5.5. Einkaufen zwischen Souq und Mall

Unter dem arabischen Begriff „Souq" versteht man traditionelle Einkaufsviertel, die in jeder Stadt der Arabischen Halbinsel zu finden sind. Hier gibt es viele Geschäfte, die in der Regel gleiche oder ähnliche Waren verkaufen, das heißt, dass die Souqs häufig nach Themen oder Rubriken „geordnet" sind. So gibt es in der Umgebung des „Dubai Creek" zum Beispiel verschiedene Souqs bzw. Einkaufsviertel, welche Gold, Textilien, Obst- und Gemüse, Fleisch- und Fischprodukte, Elektronikartikel, Parfumessenzen oder zahlreiche Gewürze je an unterschiedlichen Orten gebündelt anbieten. Aus dieser großen Auswahl an gleichen Artikeln entscheidet der Legende nach allein der „Wille Allahs", wo man seine Waren einkauft. Hier gehört das traditionelle Aushandeln der Preise bekanntlich zu jedem guten Geschäft. Man findet auf diesen Souqs praktisch alles für die täglichen Bedürfnisse, auch wenn es heutzutage zusätzlich immer mehr Kinderspielzeuge und asiatische Elektronikartikel gibt. Das Äquivalent zu den traditionellen Souqs sind die modernen Shoppingmalls, „große, klimatisierte Bauwerke, in denen Hunderte von Geschäften versammelt sind"[16]. An diesem Gegensatzpaar wird der markante Unterschied zwischen traditioneller Lebenswelt und modernen Vorstellungen deutlich, den besonders das Emirat Dubai deutlich macht. Einerseits bemüht man sich um die Erhaltung der alten Kultur sowie um die Einhaltung der Dogmen, doch andererseits nähern sich viele arabische Städte der westlichen Welt, indem sie Shoppingmalls errichten, die unser Verständnis von einer Mall weit übertreffen. So gibt es in einigen Einkaufszentren Dubais neben unzählig vielen Geschäften riesengroße Aquarienlandschaften, Skihallen, Eislaufbahnen, Kinocenter oder Wellnessangebote. Dieser gigantische Wirtschaftsboom, der scheinbar keine Grenzen kennt, wird allerdings nicht von allen arabischen Einwohnern begrüßt, da er innerhalb des Landes zu großen sozialen und kulturellen Disparitäten führt.

---

[16] Vgl. Heck & Wöbke 2007, S. 36.

6. Fazit

In der langen Geschichte der Arabischen Halbinsel mussten sich die Pflanzen und Lebewesen erst an die zunehmende Trockenheit anpassen. Vor allem die Domestizierung des Kamels sowie die Nutzbarmachung der Dattelpalme revolutionierte die arabische Wirtschaft bzw. Landwirtschaft. Die auf der Arabischen Halbinsel umherschweifenden Beduinen entwickelten eine spezifische Kultur, die in ihren Charakterzügen auch heute noch in vielen Köpfen der Araber verankert ist. So nehmen Charaktereigenschaften wie Stolz, Gastfreundschaft, Gerechtigkeit und gegenseitiger Respekt untereinander immer noch eine große Rolle in der arabischen Gesellschaft ein. Mit der Verbreitung des islamischen Glaubens sowie der Verschriftlichung des Korans wurden das gesamte Leben sowie der Tagesablauf jedoch immer stärker strukturiert und geregelt. Die heilige Schrift des Korans steht mit seinen umfassenden praxisorientierten Regeln seitdem im Mittelpunkt des arabischen Lebens und wird sogar durch die „Scharia" zur Rechtssprechung benutzt.

Grundsätzlich sind die Bewahrung der arabischen Lebensformen sowie die Tradition der altehrwürdigen Sitten und Bräuche ein wichtiger Bestandteil ihrer Kultur, doch gleichzeitig hat sich dieses Bild mit dem sensationellen Ölfund im 20. Jahrhundert und dem daraus resultierenden Reichtum vor allem in den letzten vier Dekaden (1970 bis 2009) verändert. Viele arabische Staaten nähern sich den luxuriösen westlichen Vorstellungen aus Europa und Amerika, indem gigantische architektonische Bauwerke, künstlich angelegte Palmeninseln oder hollywoodreife Attraktionen nicht nur geplant, sondern auch in kürzester Zeit in die Realität umgesetzt werden. In manchen ehemals von Beduinen besiedelten Wüstenstrichen entstanden auf diese Weise stark bebaute Wüstenmetropolen (bspw. das Umland Dubais), in denen scheinbar Nichts unmöglich ist. Doch nicht alle Staaten der Arabischen Halbinsel begrüßen diesen westlich-orientierten Trend, quasi über Nacht von einer traditionellen beduinischen Lebensform zu einer Industriegesellschaft westlichen Zuschnitts zu gelangen. Besonders religiöse und konservative Kreise bilden in einigen Staaten Arabiens eine einheitliche Opposition, die darauf Acht gibt, dass die traditionellen arabischen Wurzeln nicht in den Hintergrund geraten.

Insgesamt gibt es aber in den einzelnen Staaten der Arabischen Halbinsel (von Saudi-Arabien bis zu den Vereinigten Arabischen Emiraten) große Unterschiede in der Auslegung von Lebensstilen, Weltoffenheit oder islamische Gesetzesauslegung, daher bleibt nur abzuwarten wie sich diese Situation in der Zukunft weiterentwickelt.

7. Quellenangaben

Verwendete Literatur:

- Heck, G. & Wöbke, M. (2007): „Arabische Halbinsel". DuMont Verlag Ostfildern.
- Herzog, R. (2007): „Beduinen". In: Menschenbilder früherer Gesellschaften: ethnologische Studien zum Verhältnis von Mensch und Natur (Hrsg.: Müller, K.). Campus Verlag Frankfurt.
- Müller-Hohenstein, K.: „Die Dattelpalme. Verbreitung, Anbau und Produkte einer alten Kulturpflanze". In Geographische Rundschau 49, 1997, Heft 2, S. 104-108.
- UAE Ministry of Information and Culture (2006): "UAE Yearbook. History and Traditions". Trident Press Ltd, London.

Verwendete Internetquellen (Zuletzt aufgerufen am 05.05.2009):

- Forum unerreichte Völker, Berlin (2003): „Die Beduinen der arabischen Halbinsel". http://www.volksgruppen.de/pdf/beduinischearaber-saudiarabien.pdf
- Uni Stuttgart (2002): „Die Beduinen auf der Sinai-Halbinsel". http://www.uni-stuttgart.de/bio/bioinst/zoologie/sinai01/beduinen/beduinendata.html

Verwendete Bildquellen:

- Verwendungsmöglichkeiten der Dattelpalme: http://www.prolove.ch/oasen/html/dattelpalme.html